Mein Ravensburger

Lexikon der Tiere

Eckart Pott

Mein Ravensburger Lexikon der Tiere

Ravensburger Buchverlag

Inhalt

Tiere

in Stadt und Land

Tiere leben nicht nur in der freien Natur. Auch die Städte und Dörfer beherbergen eine vielfältige Tierwelt. In Parks und Gärten fühlen sich verschiedene Wildtiere wohl. Andere Tiere leben bei den Menschen. Auf den Bauernhöfen werden Tiere gehalten, die wir Menschen nutzen. Und die Heimtiere sind sogar im Haus mit uns zusammen.

Heimtiere

Wellensittich im Anflug auf seine Sitzstange

Hund

Der Vorfahre des Hundes ist der Wolf. Heute werden viele verschiedene Hunderassen gezüchtet. Manche sind dem Wolf noch ähnlich. Die meisten Rassen sehen aber ganz anders aus. Hunde kann man für viele Aufgaben einsetzen. Es gibt Hirtenhunde und Jagdhunde, Blindenhunde und Polizeihunde. Im hohen Norden leben die Schlittenhunde. Alle Hunde brauchen täglich Bewegung. Man muss ihnen aber auch viel Zuwendung und Pflege zukommen lassen.

Hundewelpen beim Spielen

Heimtiere

Katze

Die ersten Hauskatzen wurden in Ägypten gezüchtet. Ursprünglich hat man die Tiere gehalten, damit sie Mäuse fangen. Heute sind Katzen sehr beliebte Spiel- und Heimtiere. Sie brauchen viel Zuwendung. Es gibt verschiedene Rassen.

Wellensittich

Der Wellensittich ist der bekannteste und beliebteste Papagei der Welt. Er stammt aus Australien, wird aber überall gezüchtet. Wellensittiche sind gesellige Vögel. Deshalb hält man sie am besten in kleinen Gruppen. Sie fressen Samen und grüne Teile von Pflanzen. Wenn sie in Freiheit leben, nisten sie in hohlen Bäumen.

Meerschweinchen

Kinder auf allen Kontinenten halten sich Meerschweinchen als Heimtiere. Die Spielgefährten stammen vom Wildmeerschweinchen ab. Dieses Tier lebt in Südamerika. Meerschweinchen sind gesellige Tiere. Man sollte sie deshalb nicht einzeln halten. Der Käfig muss alle zwei bis drei Tage sauber gemacht werden.

Die Meerschweinchen beschnuppern sich

In unseren Städten

Fütterung bei den Rauchschwalben

Rauchschwalbe

Schwalben fliegen schnell und wendig. Im Flug jagen sie Insekten. In Europa haben sich die Rauchschwalbe und die Mehlschwalbe eng an den Menschen angeschlossen. Die Rauchschwalbe brütet im Inneren von Gebäuden. Dagegen brütet die Mehlschwalbe immer außen an Gebäuden. Ihre Nester bauen die Vögel aus Schlamm und Pflanzenteilen.

Taube

Haustauben leben in vielen Städten der Erde. Darunter sind Vögel, die von Züchtern gehalten werden. Die meisten Tauben sind aber einfach verwildert. Sie finden in der Nähe des Menschen reichlich Futter und brüten mehrmals im Jahr. In manchen Städten sind die Vögel zu einer Plage geworden, weil es zu viele von ihnen gibt.

Spatz

Der Spatz heißt eigentlich Haussperling. Überall in Dörfern und Städten sind die lebhaften Vögel zu beobachten, meist in kleinen Gruppen. Sie suchen Nahrung, wo sie sie nur finden können. Spatzen nisten in Mauerlöchern, unter Dachbalken und unter Dachpfannen. Sie bauen ein unordentliches Nest aus Halmen und Federn und legen fünf bis sechs Eier.

Spatzen auf dem Kaffeetisch

In unseren Städten

Weißstorch

Jeder kennt „Adebar“, den Weißstorch. Der große Vogel brütet in Dörfern und Städten, aber auch in der freien Landschaft und in Wäldern. Seine Nahrung sucht er in feuchten Wiesen und an Gewässern. Die Störche treffen bei uns im März/April ein und bleiben bis September. Die übrige Zeit des Jahres verbringen die Vögel in Afrika.

Weißstorch mit seinen Jungen auf dem Nest

Hausmaus

Die Hausmaus lebt in unserer engsten Nachbarschaft. Sie ist allerdings nicht leicht zu beobachten. Die Tierchen sind meist nur in der Dämmerung und in der Nacht aktiv. Tagsüber schlafen sie in ihrem Nest. Hausmäuse bekommen mehrmals im Jahr Junge. Sie vermehren sich also rasch.

Vögel im Garten

Amsel

Die Amsel lebt überall in unseren Gärten und Parks. Auch im Wald kann man sie beobachten. Das Männchen hat ein schwarzes Gefieder, einen gelben Ring um das Auge und einen gelben Schnabel. Das Weibchen ist bräunlich gefärbt; auch sein Schnabel ist braun. Ein anderer Name des Vogels ist Schwarzdrossel.

Kohlmeise

Die Kohlmeise ist ein richtiger Frühlingsbote. Sie singt oft schon im ausgehenden Winter. Ihr Nest baut sie in Baumhöhlen oder Mauerspalten. Sie brütet aber auch in Nistkästen. Die Kohlmeise ist die größte unserer Meisen. Kleiner ist beispielsweise die Blaumeise. Beide Vögel kommen im Winter ans Futterhaus. Liegt der Garten nahe am Wald, kann man dort noch andere Meisen beobachten.

Kohlmeisen im Winter am Futterhaus

Vögel im Garten

Dompfaff

Dompfaff

An seiner roten Brust und der schwarzen Kopfplatte ist das Dompfaff-Männchen leicht zu erkennen. Das Weibchen ist graubraun gefärbt. Die Vögel leben im Wald, in Parks und in Gärten. Sie fressen Knospen, Beeren und Samen, aber auch Insekten. Der Vogel wird auch Gimpel genannt.

Buchfink

Buchfinken haben einen kurzen, kräftigen Schnabel. Damit können sie Samen und Früchte mit harten Schalen knacken. Man kann den Vogel überall in Gärten und Parks, in Feldgehölzen und Wäldern beobachten. Das Nest steht auf waagerechten Ästen und in Astgabeln. Es ist gut getarnt, und man entdeckt es nur selten.

Nutztiere

Gans

Hausgänse stammen von der wilden Graugans ab. Die Tiere liefern uns Fleisch und Federn. Meist werden Gänse in großen Gruppen im Stall gehalten. Manchmal kann man aber beobachten, wie sie vom Stall auf die Weide getrieben werden – und umgekehrt. Im „Gänsemarsch" laufen die Vögel dann hintereinander her. Meist hört man sie dabei aufgeregt schnattern.

Info

Überall auf der Welt werden Nutztiere gehalten. Sie liefern uns Menschen Fleisch und Milch, aber auch Federn und Häute, die wir zu Leder verarbeiten. Manche Tiere helfen dem Menschen bei der Arbeit. Sie ziehen den Pflug auf den Feldern oder Wagen mit großen Lasten.

Hausgänse auf dem Weg vom Stall auf die Weide

Ente

In vielen Ländern der Erde werden Enten gehalten. Sie stammen von der Stockente ab, die bei uns in der freien Natur lebt. Es gibt verschiedene Rassen von Hausenten. Die Vögel liefern uns Fleisch und Federn.

Schwein

Auf der Welt werden viele Millionen Schweine gehalten. Sie sind unsere wichtigsten Lieferanten von Fleisch. Schweine sind sehr fruchtbar. Die Sauen können zweimal im Jahr Junge bekommen. Meist sind es acht bis vierzehn Ferkel. Alle Hausschweine stammen vom Wildschwein ab.

Huhn

Hühner werden heute auf der ganzen Welt gehalten. Es gibt verschiedene Rassen, die alle möglichen Farben aufweisen. Die Hähne haben einen roten Kamm, rote Kehllappen und einen Schwanz mit sichelförmigen Federn. Manche Hühner können mehr als dreihundert Eier im Jahr legen.

Wiesen und Felder

Feldhase

Am liebsten leben Feldhasen in einer abwechslungsreichen Landschaft. Es sollten Wiesen und Felder, aber auch Hecken vorhanden sein. Mehrmals im Jahr bekommen die Hasen Junge. Schon früh im Jahr werden die „Märzhasen" geboren. Sie brauchen warmes und trockenes Wetter, um zu überleben.

Kämpfende Feldhasen in der Paarungszeit

Fasan

Die ursprüngliche Heimat des Fasans liegt in Asien. Der Hahn ist auffällig bunt und hat einen langen Schwanz. Die Henne hat dagegen ein braunes Gefieder. Das ist wichtig, weil sie brütet und deshalb gut getarnt sein muss.

Wiesen und Felder

Maulwurf

Der Maulwurf hat einen walzenförmigen Körper und ein schwarzes, samtiges Fell. Mit seinen schaufelförmigen Händen gräbt er sich unterirdische Gänge. Meist bemerkt man das Tier erst, wenn es die Erde nach oben schiebt. Die ergibt dann die typischen Maulwurfshügel.

Fliegender Kleiner Fuchs

Kleiner Fuchs

Der bunte Kleine Fuchs fliegt schon zeitig im Frühjahr und ernährt sich von Blütennektar. Die Raupen fressen an Brennnesseln. Sie sind schwarz gefärbt und tragen kleine Dornen. Auffällig sind die gelben Längsstreifen.

Hermelin

Das Hermelin ist ein schneller, kleiner Jäger. Auf seinen Streifzügen dringt es in die Gänge von Mäusen und Hamstern ein, um Beute zu machen. Das Hermelin geht nicht nur in der Nacht auf Jagd, sondern auch tagsüber. Es gehört zu den wenigen europäischen Tieren, die im Winter ein weißes Fell tragen. Nur die Schwanzspitze ist dann noch schwarz.

Neugieriges Hermelin

Auf der Weide

Aufmerksamer Ziegenbock

Schaf

Bei uns gibt es heute nicht mehr viele Schafherden, die unter der Aufsicht eines Schäfers und seiner Hütehunde durch die Landschaft ziehen. Die meisten Schafe werden auf Koppeln gehalten. Für uns Menschen sind die Tiere wichtig, weil sie uns Wolle, Fleisch und Milch geben. Die Lämmer werden im Frühling geboren und können gleich laufen.

Ziege

Ziegen werden bei uns nur noch selten gehalten. Die meisten leben heute in Südeuropa und in anderen warmen Zonen der Erde. Die Tiere liefern Milch und Fleisch. Angora- und Kashmir-Ziegen geben eine sehr feine und teure Wolle.

Rind

Das Rind ist unser wichtigstes Nutztier. Es stammt vom Auerochsen ab. Dieses Wildrind hat in den Wäldern Europas und Asiens gelebt. Es ist vor einigen hundert Jahren ausgestorben. Es gibt verschiedene Rassen von Rindern. Die Kühe und Bullen liefern uns vor allem Milch und Fleisch. Sie werden aber auch als Arbeitstiere eingesetzt.

Neugierige Rinder auf der Weide

Pferd

Der wilde Vorfahre unseres Hauspferdes ist das Przewalski-Pferd. Es lebt in den Steppen im Inneren von Asien. Daraus wurden im Lauf der Zeit viele Rassen gezüchtet. Darunter sind kleine Ponys, aber auch sehr große Arbeitspferde. Das Shire-Pferd ist die größte Rasse, die es heute gibt. An verschiedenen Stellen der Erde leben Pferde noch halbwild. Die bekanntesten sind die nordamerikanischen Mustangs.

Island-Pferde auf der Koppel

Tiere

in den Wäldern

Wälder sind Lebensräume, in denen viele Bäume und Sträucher wachsen. In den Wäldern lebt aber auch eine Vielfalt von Tieren. Darunter sind Säugetiere, Vögel und viele Kleintiere, allen voran Insekten. Und das ist in allen Erdteilen so. Allerdings sehen die Wälder bei uns anders aus als die Wälder im Norden. Und wieder andere Lebensbedingungen herrschen in den Wäldern der Tropen.

Bei uns im Wald

Eichhörnchen

Eichhörnchen leben vor allem im Wald. Die kleinen Nagetiere sind aber auch in Parks und Gärten zu Hause, selbst mitten in der Stadt. Geschickt klettern sie in den Bäumen herum. Sie können auch von einem Baum zum nächsten springen.

Rotfuchs

Der Rotfuchs hat ein rotbraunes Fell und einen langen, buschigen Schwanz. Am liebsten hält er sich an Waldrändern auf. Man kann Füchse aber auch in Dörfern und Städten beobachten. Meist verschlafen sie den Tag in ihrem Bau. Die Tiere jagen vor allem Mäuse. Sie fressen aber auch vieles andere: Vögel, Insekten, Regenwürmer, Obst, Beeren und Samen. Die Jungen kommen im Frühjahr zur Welt.

Füchsin und ihre Welpen am Eingang des Baues

Bei uns im Wald

Maikäfer

Der große Käfer hat einen festen Panzer. Vorne glänzt er schwarz, hinten braun. Die Tiere entwickeln sich im Waldboden. Dort legt das Weibchen seine Eier ab. Nach drei bis vier Jahren krabbeln die fertigen Käfer ans Licht.

Buntspecht

Spechte können gut an Baumstämmen hinaufklettern. Sie halten sich dabei mit den Krallen fest und stützen sich mit dem Schwanz ab. Der Buntspecht ist einer unserer häufigsten Spechte. Er lebt in Wäldern, Parks und großen Gärten. Zum Brüten zimmert er sich eine Höhle in einen Baumstamm. Dort wachsen die jungen Spechte gut geschützt heran.

Buntspecht beim Füttern eines Jungen

Kleiber

Der Kleiber klettert geschickt auf Bäumen herum. Dabei kann er auch mit dem Kopf voran abwärtslaufen. Das kann kein anderer Vogel in Europa. Er brütet in Baumhöhlen oder auch in Nistkästen. Oft ist das Eingangsloch zu groß. Dann bringt der Kleiber es auf die passende Größe. Dazu verwendet er feuchten Lehm und Speichel.

Leben am Waldboden

Waldameise

In unseren Wäldern sieht man immer wieder die großen Baue der Waldameise. Die kuppelförmigen Hügel bestehen aus Nadeln, kleinen Zweigen, Moos und Erde. Das Ameisennest dehnt sich aber auch unter der Erde aus. Oft leben in einem Bau 100 000 und mehr Ameisen zusammen. Man nennt das einen Ameisenstaat.

Rotkehlchen

Das Rotkehlchen ist ein besonders hübscher Singvogel. Männchen und Weibchen haben beide eine orange Kehle. Eigentlich ist das Rotkehlchen ein Waldvogel. Mittlerweile ist es aber auch in Parks und Gärten heimisch geworden. Überwiegend halten sich Rotkehlchen am Boden auf. Dort suchen sie ihre Nahrung. Und dort bauen sie auch ihre Nester.

Rotkehlchen am Waldboden

Mistkäfer

Auf einem Waldspaziergang sieht man immer wieder einmal Mistkäfer am Boden herumkriechen. Die Insekten sind blauschwarz gefärbt. Sie legen ihre Eier in toten Tieren und in Kot ab. Wenn die Larven schlüpfen, haben sie gleich etwas zu fressen.

Leben am Waldboden

Zauneidechse

Eidechsen gehören zu den Kriechtieren. Die häufigste Art in Europa ist die Zauneidechse. Oft sieht man die Tiere in den Morgenstunden in der Sonne liegen, um sich aufzuwärmen. Ihre Nahrung besteht überwiegend aus Spinnen, Insekten und Würmern. Das Weibchen legt fünf bis vierzehn Eier in die Erde. Daraus schlüpfen nach etwa zwei Monaten die jungen Eidechsen.

Zauneidechse auf einem Baumstamm

Waldmaus

Die Waldmaus ist nicht leicht zu beobachten. Sie ist nämlich vorwiegend in der Dämmerung und in der Nacht aktiv. Dann sucht sie nach Samen von Gräsern und Kräutern, nach Eicheln und Bucheckern. Daneben frisst die Maus Insekten, Schnecken und Spinnen.

Huftiere unserer Wälder

Rothirsch

Der Rothirsch braucht zum Leben große Wälder. Tagsüber ist er kaum zu beobachten. Dann hält er sich im Dickicht versteckt. Erst in der Dämmerung und in der Nacht wird er aktiv. Die männlichen Tiere tragen ein Geweih. Damit kämpfen sie im Herbst um die Weibchen. In dieser Zeit hört man die Hirsche laut röhren.

Info

Bei Rothirsch und Reh tragen die männlichen Tiere ein Geweih. Es wird im Winter abgeworfen und bildet sich dann neu. Das Mufflon trägt dagegen ein Gehörn. Es wächst, solange das Tier lebt.

Röhrender Rothirsch in seinem Rudel

Huftiere unserer Wälder

Wildschwein

Mit ihrer langen Rüsselschnauze durchwühlen Wildschweine den Waldboden. Sie fressen Eicheln und Bucheckern, Wurzeln und Pilze, Würmer und Engerlinge. Die jungen Wildschweine werden im März/April geboren. Man nennt sie Frischlinge.

Mufflon

Mufflons sind Wildschafe. Ihre ursprüngliche Heimat sind Inseln im Mittelmeer. Bei uns wurden die Tiere eingebürgert. Sie sind tagsüber und nachts aktiv und leben gesellig. Die Lämmer werden im März/April geboren. Mufflons werden zwölf bis fünfzehn Jahre alt.

Mufflon-Widder mit seinen schneckenförmigen Hörnern

Reh

Rehe gehen erst in der Dämmerung auf Nahrungssuche. Sie fressen Gräser und Kräuter, aber auch Knospen und Laub von Sträuchern und jungen Bäumen. Die meiste Zeit des Jahres leben Rehe in Gruppen zusammen. Die Kitze kommen im Frühling zur Welt.

Nachts im Wald

Uhu auf der Jagd nach Beute

Uhu

Der Uhu ist die größte europäische Eule überhaupt. Seinen Namen hat er nach seiner Stimme bekommen. Die dumpfen „U-hu"-Rufe sind besonders in der Paarungszeit – Februar bis April – zu hören. Der Uhu jagt in der Dämmerung und nachts. Er frisst Säugetiere bis zur Größe von Hasen und Vögeln. Er brütet in Felsnischen.

Siebenschläfer

Der Siebenschläfer hat ein graues Fell und einen langen, buschigen Schwanz. Das kleine Nagetier schläft tagsüber in seinem Unterschlupf. Erst in der Dämmerung wird es rege. Mit seinen großen, dunklen Augen kann der Siebenschläfer auch bei Dunkelheit gut sehen. Er frisst Samen und Früchte, Rinde und Knospen von Büschen und Bäumen. Der Winterschlaf dauert von September/Oktober bis Mai/Juni. Das sind rund sieben Monate!

Nachts im Wald

Dachs

Dachse sieht man nicht oft. Sie sind nämlich scheu und nur in der Dämmerung und nachts aktiv. Dachsbaue liegen meist unter Bäumen oder zwischen Büschen. Von dort aus gehen die Tiere auf Nahrungssuche. Sie fressen Kleintiere, Beeren und Früchte, im Winter auch Wurzeln und Knollen.

Fledermaus

Fledermäuse sind die einzigen Säugetiere, die fliegen können. Zwischen Armen, Beinen und Schwanz sind Flughäute ausgespannt. Die Tiere können selbst in völliger Dunkelheit Beute finden. Dabei helfen ihnen Schallwellen, die wir Menschen nicht hören können.

Igelfamilie auf der Nahrungssuche

Igel

Igel fallen sofort durch ihr Stachelkleid auf. Das haben auch schon die Jungen. Die Stacheln sind bei ihnen aber noch weich und erhärten erst später. Igel verschlafen den Tag. Nur in der Dämmerung und in der Nacht sind sie aktiv. Auf ihren Streifzügen suchen sie nach Insekten, nach anderen kleinen Tieren und nach Früchten.

Wälder des Nordens

Auerhahn auf Partnersuche

Auerhuhn

Das Auerhuhn liebt ruhige Misch- und Nadelwälder mit reichlichem Unterwuchs an Beerensträuchern. Es ernährt sich von Pflanzentrieben, Beeren, Kleintieren und Nadeln von Bäumen. Wie bei allen Hühnervögeln brütet nur die Henne. Um vor Feinden sicher zu sein, ist sie unscheinbar gefärbt. Das Nest steht meist am Fuß eines Baumes, aber auch zwischen niedrigen Sträuchern. Die Henne legt sieben bis elf gelbbraune, dunkel gefleckte Eier.

„Meister Petz", der Braunbär, räkelt sich

Luchs

Der Luchs ist ein sehr scheues Raubtier. Er ist vorwiegend in der Dämmerung und nachts unterwegs. Geschickt pirscht er sich an seine Beute heran. Aus passender Entfernung springt er auf die Beute zu und reißt sie zu Boden. Luchse jagen Hasen, Rehe, kleine Nagetiere und Vögel.

Wälder des Nordens

Biber

Biber bewohnen Gewässer. Sie benagen die Stämme und Zweige von Bäumen. Ein Biberbau hat immer einen Zugang, der unter Wasser liegt. Um den Wasserstand um den Bau herum gleichmäßig hoch zu halten, legen die Tiere Staudämme aus Ästen und Zweigen an.

Elch

Elche werden so groß wie Pferde. Die Tiere ernähren sich von Blättern und Zweigen von Bäumen. Daneben fressen sie Sumpf- und Wasserpflanzen. Die männlichen Elche tragen ein Geweih. Es wird im Frühjahr abgeworfen. Danach entwickelt sich ein neues.

Braunbär

Bären sind Raubtiere. Braunbären fressen aber nicht nur Fleisch, sondern auch Pflanzen. Im Herbst legen sie sich ein Fettpolster zu. Davon können sie im Winter zehren. Die Zeit zwischen November und März ruhen sie in einer Höhle. Mitten im Winter kommen dort die Jungen zur Welt. Sie müssen noch einige Wochen wachsen, bevor sie die Höhle verlassen können.

Tropenwälder Afrikas

Chamäleon beim Fang eines Insektes mit der langen Zunge

Okapi mit dem typischen Streifenmuster

Okapi

Das Okapi ist mit der Giraffe verwandt. Sein samtiges Fell ist schwarzbraun gefärbt. An den Oberschenkeln haben Okapis auffällige weiße Streifen. Die Tiere leben nur im Kongobecken und wurden in Europa erst 1900 genauer bekannt. Sie sind reine Pflanzenfresser.

Gorilla

Trotz ihrer Größe und Kraft sind Gorillas friedliche Waldbewohner. Sie ernähren sich ausschließlich von Pflanzen. Die Tiere leben in Familiengruppen zusammen. Die Gruppen werden von einem alten Männchen angeführt.

Tropenwälder Afrikas

Chamäleon

Chamäleons sind mit den Eidechsen verwandt. Sie haben Kletterfüße und einen schlanken Greifschwanz. Damit können die Tiere gut in Büschen und Bäumen herumturnen. Ein ganz tolles Werkzeug ist die lange Schleuderzunge. Mit deren Hilfe können Chamäleons Kleintiere blitzartig von Zweigen und Blättern „schießen".

Schimpanse

Schimpansen streifen in kleinen Gruppen durch den Wald. Morgens fressen die Tiere für ein paar Stunden. Dann ruhen sie sich aus. Am Nachmittag suchen sie noch einmal Nahrung. Die Nacht verbringen die Menschenaffen in selbst gebauten Schlafnestern.

Info

Gorilla und Schimpanse gehören zu den Menschenaffen. Ein weiterer Menschenaffe ist der Zwergschimpanse aus Zentralafrika. Er wird auch Bonobo genannt. Nah verwandt ist außerdem der Orang-Utan, der in Indonesien lebt. Diese Tiere sind die nächsten Verwandten von uns Menschen.

Schimpansen-Gruppe

Urwald am Amazonas

Info

Am Amazonas in Südamerika liegen die größten Urwaldgebiete der Erde. Allerdings werden heute jeden Tag große Flächen in Weide- und Ackerland umgewandelt. Damit verschwinden viele Pflanzen und Tiere. Wir alle müssen uns dafür einsetzen, dass die Tropenwälder zukünftig besser geschützt werden als bisher.

Faultier

Faultiere leben in Mittel- und Südamerika. Meist hängen die Tiere faul in den Baumkronen. Manchmal bewegen sie sich aber zeitlupenartig von einem Ast zum nächsten. Die Tiere fressen Blätter, Früchte und Wurzelknollen. In ihrem Fell wachsen Algen. Dort nisten sich aber auch Milben, Käfer und Schmetterlinge ein.

An einem Zweig hängendes Dreifinger-Faultier

Jaguar

Jaguare sind die größte Raubkatzen Amerikas. Sie haben ein goldbraunes Fell mit schwarzen Flecken Die Tiere leben meist einzeln. Manchmal sieht man sie auch paarweise oder in kleinen Familiengruppen. Sie jagen tagsüber. Ihre Beute umfasst kleine und große Säugetiere. Außerdem fressen Jaguare Schildkröten und Fische.

Jaguar mit aufgerissenem Fang

Pfeilgiftfrosch

Pfeilgiftfrösche sind über die Tropen Amerikas verbreitet. Sie sind nur wenige Zentimeter groß, aber auffällig gefärbt. Die Urwald-Indianer streichen das Gift der Frösche auf die Spitzen ihrer Pfeile. Getroffene Beutetiere werden fast auf der Stelle gelähmt.

Urwald am Amazonas

Tukan

Tukane leben nur in Mittel- und Südamerika. Sie haben sehr große, bunte Schnäbel. Die Vögel fressen vor allem Früchte, aber auch Insekten, Spinnen und andere Kleintiere. Tukane brüten in Baumhöhlen, gewöhnlich hoch über dem Erdboden. Die Weibchen legen zwei bis vier weiße Eier.

Ara

Aras sind die größten aller heute lebenden Papageien. Sie leben in den Wäldern Mittel- und Südamerikas. Die Vögel haben einen kräftigen, gebogenen Schnabel mit einer scharfen Spitze. Damit können sie selbst Früchte und Samen mit harten Schalen aufknacken. Den Schnabel benutzen sie aber auch beim Klettern wie einen „dritten Fuß".

Hellrote Aras klettern auf einem Ast herum.

Wälder Asiens

Großer Panda

Den Großen Panda oder Bambusbären kennt jeder. Der schwarz-weiß gezeichnete Kleinbär ist das Wappentier der Naturschutz-Organisation „WWF". Der Panda lebt in den Bambuswäldern im chinesischen Bergland. Und er frisst auch ausschließlich Bambus.

Tiger

Der Tiger ist die größte Raubkatze der Erde. Er hat ein rotbraunes Fell mit schwarzen oder braunen Streifen. Meist jagt er Antilopen, Wildrinder, Hirsche und Wildschweine. Die Weibchen bekommen zwei bis vier Junge. In vielen Gebieten sind Tiger heute selten geworden oder bereits ganz ausgerottet.

Orang-Utan

„Orang-Utan" ist ein asiatisches Wort und bedeutet übersetzt „Waldmensch". Der große Menschenaffe durchstreift die dichten Wälder von Borneo und Sumatra. Geschickt hangelt er sich mit seinen langen Armen von Ast zu Ast. Orang-Utans fressen die Früchte von Bäumen, daneben auch deren Blätter und Zweige. Für die Nacht bauen sie sich große Nester aus Laub, oft mit einem Dach als Regenschutz.

Orang-Utan-Mutter mit ihrem Baby

Pfau

Der Pfau lebt in seiner Heimat Indien im dichten Dschungel. Der Hahn hat ein blau und grün schillerndes Gefieder. Zur Zeit der Partnersuche schlägt er mit seinem langen Schwanz ein prächtiges Rad. Die Henne ist dagegen unscheinbar bräunlich gefärbt. Das Nest ist meist in dichtem Buschwerk verborgen.

Riesig und klein: Elefantenmutter und ihr Junges

Asiatischer Elefant

Elefanten sind große Tiere. Jeden Tag benötigen sie gewaltige Mengen an Nahrung. Asiatische Elefanten kann man zur Arbeit einsetzen. Abgerichtete Tiere leisten in der Forstwirtschaft Dienst. Sie werden von ihren Betreuern, den Mahouts, liebevoll gepflegt.

Tiere

an Flüssen und Seen

Flüsse und Seen weisen eine vielfältigen Pflanzen- und Tierwelt auf. Die längsten Flüsse der Erde sind der Nil, der Amazonas und der Mississippi. Der größte See der Erde ist das Kaspische Meer in West-Asien, der tiefste ist der Baikalsee in Sibirien. Die Gewässer der Erde sind sehr unterschiedlich. Und sehr unterschiedlich sind auch die jeweiligen Bewohner.

Bäche und Flüsse

Eisvogel sitzt am Wasser

Eisvogel

Wie ein leuchtend blaugrüner Pfeil saust der Eisvogel niedrig über das Wasser klarer Bäche. Irgendwo setzt sich der Vogel dann auf einen Ast. Von dort aus stürzt er sich senkrecht ins Wasser hinab. Kurz darauf taucht er mit einem kleinen Fisch im Schnabel wieder auf. Eisvögel fressen aber auch Frösche, Kaulquappen und Insekten. Ihre Bruthöhlen graben die schönen Vögel in Lehmwände an den Ufern der Bäche.

Bachforelle

Bachforellen leben in Bächen und kleinen Flüssen. Deren Wasser muss klar und kalt sein. Die Fische haben auf dem Rücken schwarze und rote Flecken. Sie fressen Kleintiere. Große Forellen fressen auch kleine Fische. Forellen legen ihre Eier im Spätherbst und im Winter ab. Dies geschieht an flachen Stellen mit Kiesgrund.

Graureiher

Der Reiher jagt in feuchten Wiesen und an Gewässern. Unbeweglich lauert er auf Beute: Fische, Lurche und Kriechtiere, aber auch Mäuse und Insekten. Die Vögel bauen aus Ästen und Zweigen große Nester. Sie befinden sich meist in den Kronen hoher Bäume. Graureiher brüten in Kolonien.

Bäche und Flüsse

Fischotter

Fischotter sind meist nachts unterwegs. Tagsüber schlafen sie. Die Tiere schwimmen aber nicht nur im Wasser herum, sondern unternehmen auch Streifzüge an Land. Sie ernähren sich fast ausschließlich von Fischen. Wegen ihres kostbaren Felles wurden die Otter früher stark bejagt. In vielen Gebieten Europas sind die Tiere nahezu verschwunden.

Ein Fischotter steht auf seinen Hinterpfoten und hält Ausschau.

Info

Fließende Gewässer sind wichtige Lebensräume. Am und im Wasser herrscht vielfältiges Leben. Aber nur wenn das Wasser der Bäche und Flüsse sauber ist, können dort Pflanzen und Tiere leben. Der Schutz unserer Gewässer ist also eine wichtige Aufgabe!

Am Seeufer

Info

Am Ufer von Seen und Weihern findet man meist unterschiedliche Lebensräume. Dort wachsen feuchte Wälder und große Bestände von Schilf. Auf dem Wasser schwimmen Seerosen. Und auch im flachen Wasser wachsen noch Pflanzen. Überall finden kleine und große Tiere Lebensmöglichkeiten. Deshalb kann man am Seeufer meist viele interessante Beobachtungen machen.

Ringelnatter mit den typischen gelben Flecken am Kopf

Ringelnatter

Die Ringelnatter ist eine völlig harmlose Schlange. Sie hat keine Giftzähne und verschlingt ihre Beute lebend. Dazu zählen Eidechsen, Molche, Frösche und Fische. Die Weibchen legen Eier, und daraus schlüpfen nach einiger Zeit die Jungen.

Am Seeufer

Teichrohrsänger bei seinen Jungen im Nest

Teichrohrsänger

Rohrsänger leben vor allem im Schilfröhricht. Die Vögel bauen sehr kunstvolle Nester. Sie weben es zwischen mehrere Schilfhalme. Die Eier und die Jungen sind in der tiefen Mulde gut geschützt. Sie können nicht aus dem Nest fallen, wenn ein heftiger Wind durch das Röhricht geht. Der Teichrohrsänger ist der häufigste Rohrsänger Europas.

Blässhuhn

Blässhühner erkennt man leicht an dem schwarzgrauen Gefieder, der weißen Platte auf der Stirn und dem weißen Schnabel. Die Vögel fressen Wasserpflanzen, Samen und im Wasser lebende Kleintiere. Ihre Nester verstecken sie meist in den Pflanzen am Ufer.

Seeadler

Seeadler haben eine Flügelspannweite von über zwei Metern. Mit ihren langen, scharfen Krallen packen sie ihre Beute und halten sie damit auch fest. Dann reißen sie mit dem Hakenschnabel Stücke aus der Beute, um sie zu verspeisen. Seeadler fressen vor allem Fische. Sie jagen aber auch Wasservögel und fressen Aas.

Rufender Seeadler

Welt unter Wasser

Posthornschnecke

Die große Wasserschnecke hat ein rotbraunes Gehäuse. Sie ernährt sich von Wasserpflanzen und Aas. Die Eier werden in Ballen abgelegt. Nach einigen Tagen schlüpfen die jungen Schnecken aus.

Wasserfrosch

Die grasgrün gefärbten Wasserfrösche fressen Insekten, Kleinkrebse, Würmer und Kaulquappen. Im Mai hört man sie laut quaken. Dabei stülpen sie Schallblasen zu beiden Seiten des Kopfes aus. Ihre Eier geben die Frösche in Klumpen ins Wasser ab. Die Kaulquappen schlüpfen nach sieben bis zehn Tagen. Sie verwandeln sich nach rund vier Monaten in kleine Frösche. Die Lebensdauer von Wasserfröschen liegt bei rund zehn Jahren.

Quakender Wasserfrosch mit seinen Schallblasen

Welt unter Wasser

Hecht

Der Hecht liebt die flachen Uferzonen von Seen und Weihern, wo viele Wasserpflanzen wachsen. Dort lauert der Raubfisch bewegungslos, bis ein Beutetier in die Nähe kommt. Dann schießt er hervor und packt die Beute mit seinen scharfen Zähnen. Junge Hechte ernähren sich zunächst von Kleinkrebsen. Nach und nach wagen sich die Fische an größere Beute.

Der Hecht lauert auf Beute

Gelbrandkäfer

Der Gelbrandkäfer hat einen ovalen, flachen Körper. Seine Hinterbeine tragen Borsten. Damit kann er sich im Wasser schnell und gewandt fortbewegen. Käfer und Larven sind gefräßige Räuber. Sie fressen kleine Wassertiere wie Kaulquappen, Molche und kleine Fische.

Wasservögel

Kormoran

Der Kormoran hat ein schwarzes Gefieder. Er jagt unter Wasser Fische. Im Frühling beziehen die Vögel ihre Brutkolonien. Sie bauen aus Ästen und Zweigen große Nester. Darin liegen drei bis vier hellblaue Eier. Die Bewohner mancher Gebiete in Afrika und Asien setzen Kormorane als Helfer beim Fischfang ein.

Höckerschwan

Höckerschwäne gehören zu den größten flugfähigen Vögeln. Sie fressen Wasser- und Uferpflanzen. Dabei tauchen sie ihren Hals ins Wasser, und das Hinterteil zeigt in die Höhe. Die Vögel bauen aus Schilf und anderen Wasserpflanzen ein großes Nest. Die jungen Schwäne tragen ein graubraunes Daunenkleid. Später sind sie hellbraun und weiß gefärbt.

Höckerschwan mit seinen Jungen

Wasservögel

Komoran-Paar am Nest bei seinen Jungen

Stockente

Überall an Flüssen und Seen kann man Stockenten beobachten. Die Vögel nisten meist in dichter Vegetation nah am Wasser. Nur das Weibchen brütet. Um vor Feinden sicher zu sein, ist es durch ein bräunliches Gefieder getarnt. Dagegen hat das Männchen, der Erpel, einen grünen Kopf, einen gelben Schnabel, einen weißen Halsring und eine kastanienbraune Brust.

Am Ufer eines Weihers stehender Stockenten-Erpel

Graugans

Die Graugans brütet an größeren Weihern und an Seen. Sie frisst Pflanzensamen, grüne Triebe, Beeren und Wurzeln. Die Vögel nisten meist im Röhricht. Ihr Nest bauen sie aus Schilfhalmen und anderem Pflanzenmaterial.

Haubentaucher

Haubentaucher jagen unter Wasser. Sie tauchen auch, wenn sie sich bei Gefahr in Sicherheit bringen wollen. Die Vögel bauen aus Wasserpflanzen schwimmende Nester. Die Jungen können sofort schwimmen. Sie werden aber noch zeitweise von den Eltern im Rückengefieder herumgetragen.

Feuchtgebiete in Afrika

Kronenkranich mit seiner schönen Federkrone auf dem Kopf

Kronenkranich

Kraniche gehören zu den größten Vögeln der Erde. In Afrika leben die Kronenkraniche. Sie ernähren sich von Pflanzensamen und Kleintieren. Die Vögel bauen aus Pflanzenmaterial große Nester. Die Jungen verlassen das Nest wenige Stunden nach dem Schlüpfen. Im Alter von drei Monaten können sie fliegen.

Flamingo

Flamingos haben sehr lange Stelzbeine und einen sehr langen Hals. Die Vögel ernähren sich von winzig kleinen Pflanzen und Tieren, die im freien Wasser von Flachseen schweben. Sie bauen hügelförmige Nester aus Schlamm. Zum Brüten finden sie sich in großen Kolonien zusammen.

Schlangenhalsvogel

Schlangenhalsvögel sind mit den Kormoranen nah verwandt. Sie haben einen langen, dünnen Hals und einen spitzen Schnabel. Beim Schwimmen liegen die Vögel tief im Wasser. Haben sie einen Fisch oder ein anderes Wassertier erspäht, stoßen sie blitzschnell zu. Mit dem dolchartigen Schnabel spießen sie die Beute auf.

Afrikanischer Schlangenhalsvogel beim Trocknen seiner Flügel

Feuchtgebiete in Afrika

Nilkrokodil

Krokodile sind die größten Kriechtiere, die es heute auf der Erde gibt. Tagsüber liegen sie meist auf dem Trockenen in der Sonne. Nilkrokodile werden bis sieben Meter lang. Sie fressen Schildkröten und Fische, aber auch Antilopen und andere Säugetiere.

Entspanntes Flusspferd mit seinem Jungen am Flussufer

Flusspferd

Flusspferde wirken stämmig und plump. Sie können aber ganz gut laufen. Dennoch halten sie sich meist im Wasser auf. Die Tiere ernähren sich von saftigen Kräutern und Gräsern, abgefallenen Baumfrüchten und Wasserpflanzen.

Tiere

im Gebirge

Auf allen Kontinenten gibt es Gebirge. In Mitteleuropa sind es die Alpen. Deren höchster Berg, der Mont Blanc, ist fast fünftausend Meter hoch. Mit zunehmender Höhe werden die Lebensbedingungen immer schwieriger. Die Pflanzen und Tiere der Gebirge sind an das Leben in den verschiedenen Höhenstufen gut angepasst. Nur deshalb können sie überleben.

In unseren Bergen

Apollofalter auf einer Bergblume

Gämse

Die Gämse – oder Gams – hat eine auffällige schwarz-weiße Gesichtszeichnung. Die Hörner sind dünn und an der Spitze nach hinten umgebogen. Die Tiere fressen Blätter und Zweige von Sträuchern und Bäumen, aber auch Gräser und Kräuter. Sie leben in Rudeln zusammen.

Schneehase

Im Sommer ist der Schneehase graubraun gefärbt. Im Winter trägt er dagegen ein weißes Fell. Sommer- und Winterfell sind also so gefärbt wie die jeweilige Umgebung. So ist der Hase immer gut getarnt. Er frisst Gräser und Kräuter, knabbert aber auch an Sträuchern.

Murmeltier

Murmeltiere leben auf den Bergwiesen oberhalb der Baumgrenze. Dort graben sie ihre Baue in den Boden. Die Tiere leben fast immer mit Artgenossen zusammen. Bei Gefahr stellen sie sich auf die Hinterbeine und pfeifen laut. Der Winterschlaf dauert von Oktober bis April. In dieser Zeit wachen die Tiere hin und wieder auf. Sie verlassen die Baue aber nicht.

Wachsames Murmeltier

In unseren Bergen

Apollofalter

Der Apollofalter ist einer der größten und schönsten Schmetterlinge der Alpen. Man kann ihn auf Wiesen bis in zweitausend Meter Höhe beobachten. Der Falter fliegt zwischen Juni und September. Er ist selten geworden und steht unter Naturschutz.

Steinbock

Steinböcke leben in Höhen von über zweitausend Metern. Selbst in steilem Fels klettern die Tiere sicher herum. Ihr Fell ist braun. Die Böcke tragen einen kurzen Kinnbart. Typisch sind die säbelförmig nach hinten gekrümmten Hörner. Sie können bei den Böcken einen Meter lang werden. Die Tiere ernähren sich von Gräsern und Kräutern.

Auf einem Felsvorsprung ruhender junger Steinbock mit seinen noch recht kurzen Hörnern

Vögel der Alpen

Alpendohle

Die Alpendohle hat ein schwarzes Gefieder, einen gelben Schnabel und rote Beine. In den Alpen kommt sie oberhalb der Baumgrenze überall vor. Oft halten sich die Vögel scharenweise in der Nähe von Berggasthöfen und Almhütten auf. Dort hoffen sie etwas Fressbares zu finden.

Steinadler

Steinadler haben eine Flügelspannweite von über zwei Metern. Die ausgewachsenen Vögel sind dunkelbraun gefärbt. Die Adler besetzen große Reviere, um genügend Nahrung für sich und ihre Jungen zu finden. Die großen Nester sind fast immer in unzugängliche Felswände gebaut. Die Jungadler verlassen die Nester im Alter von drei Monaten.

Auf einem Felsen sitzender Steinadler

Vögel der Alpen

Gänsegeier

Gänsegeier sind hervorragende Segelflieger. Sobald sich morgens die Luft erwärmt hat, schrauben sie sich von ihren Schlaffelsen aus in die Höhe. Die Vögel haben scharfe Augen und suchen im Flug nach Nahrung. In den Alpen sind es meist abgestürzte Gämsen oder Steinböcke. Gänsegeier brüten gesellig in Felsnischen.

Kolkrabe

Der Kolkrabe ist der größte Rabenvogel der Erde. Er hat ein schwarzes, blau glänzendes Gefieder. Auffällig sind der breite Schnabel, der keilförmige Schwanz und die tiefen Rufe. Die Vögel bauen in Felsnischen oder auf hohen Bäumen große Nester. Sie ernähren sich vor allem von Aas.

Rufender Kolkrabe

Alpenschneehuhn

Alpenschneehühner bekommen zu Beginn des Winters ein weißes Gefieder. So sind die Vögel in der verschneiten Landschaft gut getarnt. Im Sommerkleid sind nur die Flügel weiß. Das übrige Gefieder ist dann braun.

Gebirge Amerikas

Widder des Dickhornschafes mit den typischen schneckenförmigen Hörnern

Dickhornschaf

Dickhornschafe leben vor allem im amerikanischen Felsengebirge, in den Rocky Mountains. Im Sommer halten sie sich meist oberhalb der Baumgrenze auf. Im Winter dagegen suchen die Tiere oft in tieferen Lagen Nahrung. Sie fressen Gräser und Kräuter der Bergwiesen, aber auch Laub von Büschen und Bäumen.

Rothörnchen

Das Rothörnchen ist mit unserem Eichhörnchen nah verwandt. Es lebt in den nordamerikanischen Bergwäldern. Meist ist es tagsüber aktiv, und man kann das Tierchen auch das ganze Jahr über beobachten. Es frisst Samen und Nüsse, Pilze und Vogeleier.

Puma

Der Puma heißt auch Berglöwe oder Silberlöwe. Die Raubkatze mit dem einfarbig rotbraunen Fell lebt als Einzelgänger. Jedes Tier braucht ein großes Gebiet, in dem es jagen kann. Die Beute besteht vor allem aus Säugetieren und am Boden lebenden Vögeln.

Gebirge Amerikas

Anden-Kondor

Der Anden-Kondor ist einer der größten Vögel Südamerikas. Seine Flügelspannweite liegt bei drei Metern. Die Vögel ernähren sich von toten Tieren. Ihre Nahrung suchen sie im Segelflug. Dabei fliegen sie oft in großer Höhe.

Schneeziege

Schneeziegen sind typische Bewohner der Hochgebirge im amerikanischen Nordwesten. Sie sind an der Baumgrenze und oberhalb zu beobachten. Dort finden sie auch ihre Nahrung: Gräser, Kräuter und Blätter. Die Tiere haben ein langes, zottiges Fell. Außerdem tragen sie einen Kinnbart und schwarze Hörner.

Schneeziegen-Mutter und ihr Junges hoch über dem Tal

Im Himalaja

Schneeleopard

Der Schneeleopard ist eine der schönsten Raubkatzen der Erde. Er lebt im Himalaja, aber auch in anderen Hochgebirgen im Inneren Asiens. Dort herrschen harte Lebensbedingungen. Aber an Schnee und Kälte ist der Schneeleopard gut angepasst. Die Katze jagt größere Tiere, die in ihrem Lebensraum vorkommen.

Info

Der Himalaja in Asien ist das höchste Gebirge der Erde. Der höchste Berg ist der Mount Everest mit fast neuntausend Metern. In den tieferen Lagen des Gebirges gibt es noch ausgedehnte Wälder. Darüber liegt eine Zone mit Bergwiesen. In den großen Höhen sind kaum noch Lebewesen anzutreffen.

Bartgeier

Bartgeier werden auch Lämmergeier genannt. Die großen Vögel jagen aber keine lebenden Tiere, sondern ernähren sich von Aas. Bartgeier brüten in steilen Felswänden. Sie bauen sehr große Nester und ziehen meist nur ein Junges auf. Die Flügelspannweite des Vogels beträgt rund drei Meter.

Bartgeier auf einem Felsvorsprung

Im Himalaja

Der Kleine Panda macht es sich auf einem Ast gemütlich

Kleiner Panda

Der Kleine Panda wird auch Roter Panda oder Katzenbär genannt. Er hat ein rotbraunes Fell mit einem hellen Gesicht. Als Einzelgänger lebt er in den Wäldern und Bambusdickichten an den Hängen des Himalajas. Seine Nahrung besteht aus Bambus. Daneben frisst der Kleine Panda aber auch Eicheln, Wurzeln, Beeren und gelegentlich Vogeleier und Jungvögel.

Hulman

Der Hulman ist über weite Teile Indiens verbreitet. Im Himalaja kann man die langschwänzigen Affen bis in viertausend Meter Höhe antreffen. Die Tiere leben in Gruppen zusammen. Eine Gruppe kann über hundert Mitglieder umfassen. Die Nahrung besteht vor allem aus Blättern, Blüten und Früchten.

Tiere

der Meere

Das Meer ist der größte Lebensraum der Erde. Es gibt flache Gebiete, aber auch sehr tiefe. Im Meer lebt eine Vielzahl von Tieren. Darunter sind winzig kleine Tiere, die im freien Wasser schweben. Dort halten sich aber auch Quallen, Fische, Robben und Wale auf. Andere Tiere leben am Meeresboden: Korallen, Schnecken und Muscheln, Würmer, Seesterne und Seeigel.

Am Strand der Nordsee

Ohrenqualle

Vor der Ohrenqualle braucht man keine Angst zu haben. Man spürt kein Brennen auf der Haut, wenn man sie anfasst. Aus dem tellerförmigen Schirm hängen dünne Fangarme und vier dickere Mundarme heraus. Damit fängt die Qualle im freien Wasser schwebende Kleintiere.

Seehund

Im Nordseewatt kann man manchmal Gruppen von Seehunden auf den Sandbänken liegen sehen. Die Tiere haben einen lang gestreckten Körper mit einem kurzen, runden Kopf. Ihr Fell ist graubraun mit schwarzen Flecken. Seehunde jagen Fische, Tintenfische und Krebse. Meist suchen sie ihre Nahrung in flachem Wasser. Sie können aber bis neunzig Meter tief tauchen.

Auf einer Sandbank liegender Seehund

Am Strand der Nordsee

Strandkrabbe unterwegs

Muscheln

Am Strand der Nordsee findet man immer wieder angeschwemmte Schalen von Muscheln und Schnecken. Häufig sind die blauschwarze Miesmuschel und die weißliche Herzmuschel. Dazwischen findet man oft die Gehäuse von Strandschnecken.

Strandkrabbe

Strandkrabben gehören zu den Krebsen. Sie haben fünf Paare von Schreitbeinen. Davon ist das erste zu Scheren umgewandelt. Die Tiere fressen Muscheln, andere Krebse und Würmer. Bei Ebbe verkriechen sich die Krabben unter angespültem Tang oder unter Steinen.

Silbermöwe

Silbermöwen sind die häufigsten Möwen an unseren Küsten. Ihre Nahrung ist sehr vielseitig. Sie umfasst Krebse, Weichtiere, Stachelhäuter und Fische. Aber die Möwen fressen auch andere Vögel und deren Eier. Silbermöwen nisten in Dünen oder an Klippen.

Meeresfische

Muräne

Muränen haben einen lang gestreckten Körper. Im Maul befinden sich spitze Zähne. Tagsüber halten sich die Fische meist in Spalten und Höhlen versteckt. Erst in der Dämmerung gehen sie auf Jagd. Zu ihren Beutetieren zählen andere Fische, Tintenfische und Krebse.

Mittelmeer-Muräne schaut aus ihrem Versteck

Rochen

Rochen haben einen abgeplatteten Körper. Sie leben am Meeresboden und wühlen sich oft in den Sand ein. Einige Arten sind für uns gefährlich. Der größte Rochen ist der Riesenmanta mit sechs Metern Spannweite.

Rotfeuerfisch

Rotfeuerfische haben eine auffällige Form und Färbung. Sie leben an Korallenriffen im Indischen Ozean und im westlichen Pazifik. Die Fische verfügen über ein starkes Gift in der Rückenflosse. Ein Stich ist sehr schmerzhaft.

Meeresfische

Das Krönchen-Seepferdchen schwimmt aufrecht im Wasser

Seepferdchen

Seepferdchen leben überwiegend in warmen Meeren. Mit ihrem Greifschwanz halten sich diese ungewöhnlich geformten Fische an Pflanzen fest. Die Männchen haben am Bauch eine kleine Tasche. Dorthinein legt das Weibchen seine Eier. Und in dieser Tasche wachsen auch die jungen Seepferdchen heran.

Info

Die Meere sind eine wichtige Nahrungsquelle für uns Menschen. Viele Meerestiere kann man essen: Schnecken, Muscheln, Tintenfische, Krebse, Seeigel und Seegurken. Von viel größerer Bedeutung sind aber die Fische. Bekannte Nutzfische sind: Hering, Sardine, Kabeljau, Schellfisch, Seelachs, Seehecht, Rotbarsch, Makrele und Heilbutt.

Grauer Riffhai – ein perfekter Jäger

Hai

Haie sind lang gestreckte und schnelle Raubfische. Ihre Zähne sind spitz und scharf. Der Weißhai, der Blauhai und der Tigerhai können dem Menschen gefährlich werden. Die meisten Haie sind aber harmlos. Der größte ist der Walhai. Er kann achtzehn Meter lang werden. Damit ist er der größte Fisch überhaupt.

Wale und Delfine

Glattwal

Wie alle Wale sind Glattwale Säugetiere. Sie haben Lungen und müssen deshalb in Abständen an die Wasseroberfläche kommen, um zu atmen. Glattwale gehören zu den Bartenwalen. Mit offenem Maul schwimmen sie langsam durch das Meer. Dabei filtern sie mit den Barten Kleintiere aus dem Wasser heraus.

Schwertwal

Der Schwertwal oder Orca wird sechs bis acht Meter lang. An seiner schwarzweißen Färbung ist er gut zu erkennen. Er gehört zu den Zahnwalen, hat also Zähne im Maul. Schwertwale fressen Fische und Tintenfische. Sie jagen aber auch andere Wale, Robben und Meeresvögel.

Springender Schwertwal

Wale und Delfine

Info

Die Biologen unterscheiden zwei große Gruppen von Walen: die Zahnwale und die Bartenwale. Barten sind Hornplatten, mit denen die Tiere Nahrung aus dem Wasser filtern. Zu den Bartenwalen gehört der Blauwal. Er ist das größte Tier, das heute auf der Erde lebt. Er wird rund dreißig Meter lang. Sein Gewicht entspricht dem von dreißig Elefanten oder anderthalbtausend Menschen. Der beste Taucher unter den Walen ist der Pottwal. Er kann dreitausend Meter tief tauchen.

Großer Tümmler

Der „Flipper“ aus den Fernsehsendungen wird Großer Tümmler genannt und gehört zu den Delfinen. Er lebt in allen Ozeanen mit Ausnahme der Polargebiete. Alle Delfine haben Zähne im Maul. Damit gehören sie zu den Zahnwalen. Sie jagen hauptsächlich Fische, aber auch Tintenfische.

Große Tümmler

Buckelwal

Der Buckelwal wird rund fünfzehn Meter lang. Er ist über fast alle Meere der Erde verbreitet. Taucht der Bartenwal in größere Tiefen ab, zeigt er seine waagerecht stehende Schwanzflosse, auch Fluke genannt.

Tropische Inseln

Fregattvogel-Männchen mit aufgeblasenem Kehlsack

Fregattvogel

Fregattvögel sind sehr gute Flieger. Sie sind darauf spezialisiert, anderen Vögeln die Beute abzujagen. Außerdem fressen sie Meerestiere, junge Meeresvögel und junge Meeresschildkröten. Bei der Suche nach einer Partnerin bläst das Männchen seinen roten Kehlsack auf. Findet es ein Weibchen, beginnt bald der Nestbau.

Grüne Meeresschildkröte

Schildkröten gehören zu den Kriechtieren. Bei den Meeresschildkröten sind die Beine zu Paddeln umgewandelt. Zum Ablegen der Eier müssen die Weibchen an Land gehen. Zunächst graben sie ein Loch in den weichen Strand. Dann legen sie die Eier hinein und decken es wieder zu. Ein Gelege kann über zweihundert Eier umfassen.

Korallen

Korallen sind Kolonien aus niederen Meerestieren. In deren Innerem sind Kalknadeln oder Horn eingelagert. Die Kolonien können zu großen Riffen zusammenwachsen. Die größten Korallenriffe der Erde liegen vor der Nordostküste Australiens und in der Südsee. Korallen leben vor allem in den obersten Wasserschichten warmer Meere.

Klippenkrabbe

Einer der schönsten Krebse der Erde ist die Klippenkrabbe. Die Tiere haben einen leuchtend orangeroten Panzer. Oft ist er zusätzlich mit blauen oder goldenen Punkten übersät. Man kann die Tiere auf tropischen Felsständen beobachten. Bei der kleinsten Störung verstecken sie sich aber.

Anemonenfisch

Wegen ihrer bunten Färbung werden Anemonenfische auch Clownsfische genannt. Sie leben mit See-Anemonen zusammen. Die meiste Zeit halten sie sich zwischen deren Fangarmen auf. Durch das Nesselgift der Anemonen sind sie gut vor Angriffen anderer Fische geschützt. Ihnen selbst macht das Gift nichts aus.

Anemonenfische in ihrer See-Anemone

Tiere

in Savannen und Wüsten

In großen Gebieten der Erde fällt nicht so viel Regen, dass Bäume überleben können. Stattdessen wachsen dort Gräser. Man spricht hier von Steppen, in Nordamerika auch von der Prärie und in Südamerika von der Pampa. In Afrika gibt es auch Steppen mit lockerem Baumbestand, die Savannen. Fällt nur ganz wenig Regen, bilden sich Halbwüsten und Wüsten.

Afrikanische Savanne

Strauß

Strauße sind die größten und schwersten Vögel der Erde. Sie werden bis zwei Meter hoch. Die Vögel haben lange, kräftige Beine und können schnell rennen. Sie brüten in einer Mulde am Boden. Strauße legen die größten Eier, die es gibt. Ein Ei wiegt so viel wie 24 Hühnereier.

Kopf eines Breitmaulnashorns

Giraffe

Giraffen gibt es nur in Afrika. Die Tiere haben lange Beine und einen ganz langen Hals. Sie können noch in vier bis sechs Meter Höhe an Bäumen fressen. Dagegen haben es die Tiere beim Trinken ziemlich schwer. Dann müssen sie die Vorderbeine weit auseinanderstellen und den langen Hals herabbeugen. Giraffen bekommen meist nur ein Junges.

Nashorn

Es gibt mehrere Arten von Nashörnern. Zwei davon leben in Afrika, drei in Asien. Das größte ist das Breitmaulnashorn. Es weidet in der afrikanischen Savanne Gräser ab. Deshalb hat es auch ein ziemlich breites Maul. Die Hörner der Tiere bestehen aus zusammengeklebten Haaren.

Afrikanische Savanne

Die Giraffen-mutter und ihr Junges beobachten aufmerksam die Umgebung

Zebra

Zebras sind mit den Pferden nah verwandt. Ihr Fell ist aber weißlich und hat schwarze Streifen. Die Tiere fressen Gras, manchmal auch Blätter und Rinde. Den Tag verbringen sie mit Weiden und Trinken. Zwischendurch ruhen und schlafen sie.

Afrikanischer Elefant

Elefanten sind die größten Landtiere, die es heute gibt. Ihre auffälligsten Merkmale sind der Rüssel und die Stoßzähne. Der Rüssel ist die verlängerte Nase. Damit reißen die Tiere aber auch die Nahrung ab. Und beim Trinken spritzen sie sich damit Wasser ins Maul. Meist trifft man Elefanten in Herden von zehn bis zwanzig Tieren an. Sie werden von einem alten, erfahrenen Weibchen angeführt.

Raubtiere Afrikas

Gepard

Der Gepard ist das schnellste Säugetier, das auf der Erde lebt. Hat er ein Beutetier entdeckt, pirscht er erst vorsichtig näher. Dann spurtet er plötzlich los. Dabei kann er eine Geschwindigkeit von rund einhundert Kilometern pro Stunde erreichen. Nach der Jagd muss sich der Gepard erst eine Weile ausruhen.

Löwe

Der „König der Tiere" jagt Antilopen und Zebras, aber auch Giraffen und Büffel. Meist jagen die Großkatzen gemeinsam. Durch einen Biss ins Genick oder in die Kehle töten sie die Beute. Dann versammeln sich die Rudelmitglieder und fressen gemeinsam. Anschließend ruhen sie sich lange aus.

Löwen-Männchen mit der typischen Mähne

Raubtiere Afrikas

Auf einen Baum ruhender Leopard

Leopard

Der Leopard ist eine Großkatze, die man nur selten zu Gesicht bekommt. Er ist ein Einzelgänger und jagt aus dem Hinterhalt heraus. Oft zerrt er seine Beute auf einen Baum hinauf, um dort in Ruhe zu fressen. Wo Leoparden ungestört jagen können, sind sie sowohl tagsüber als auch nachts aktiv.

Info

Raubtiere jagen auf unterschiedliche Weise. Sie lauern auf ihre Beute und springen sie aus kurzer Entfernung an. Oder sie pirschen die Beute an und erlegen sie nach einem Sprint. Die einen gehen allein auf die Jagd, die anderen in Gruppen.

Hyäne

Hyänen leben in Rudeln. Jedes Rudel hat ein eigenes Revier, in dem es jagt und seine Jungen aufzieht. Die Tiere jagen vorwiegend in der Dämmerung und nachts. Bei der Jagd arbeiten sie zusammen. Ihre Beutetiere sind Antilopen und Zebras. Gemeinsam können sie aber auch einem Löwen, Leoparden oder Geparden die Beute abnehmen.

Wüsten in Afrika

Spießbock

Nicht ohne Grund heißt diese Antilope „Spießbock“. Sowohl die männlichen als auch die weiblichen Tiere tragen lange, spießförmige Hörner. Die Hörner können über einen Meter lang werden. Ein anderer Name des Spießbocks ist Oryx-Antilope.

Dromedar

Das Dromedar, das Einhöckrige Kamel, wird vor allem als Reit- und Lasttier genutzt. Noch heute sind in Nordafrika und Arabien Karawanen unterwegs. Die Tiere liefern aber auch Milch, Fleisch, Wolle, Felle und Mist. Sie fressen Gräser, Kräuter und Blätter von Büschen und Bäumen.

Pillendreher

Pillendreher gehören zu den Käfern, die Brutpflege treiben. Sie legen ihre Eier in eine selbst gebaute Mistkugel. Diese Kugel vergraben sie im Boden. Die Larven haben dann gleich nach dem Schlüpfen etwas zu fressen.

Pillendreher auf seiner Mistkugel

Wüsten in Afrika

Erdmännchen

Die gesellig lebenden Erdmännchen gehören zu den Schleichkatzen, sind also Raubtiere. Von ihren Bauen aus gehen die Tiere tagsüber auf Nahrungssuche. Im Boden scharren und graben sie nach Kleintieren und Wurzeln. Zwischendurch machen sie immer wieder Männchen, um nach Feinden Ausschau zu halten.

Aufmerksames Erdmännchen auf einem Termitenhügel

Fennek

Der Fennek oder Wüstenfuchs hat sehr große Ohren, große Augen und eine spitze Schnauze. Tagsüber ruht er in seinem unterirdischen Bau. Erst in der Nacht geht er auf Nahrungssuche. Er frisst Kleintiere, Eidechsen, Kleinsäuger und Vögel.

Nordamerikas Prärie

Miteinander spielende Präriehunde

Präriehund

Präriehunde leben im Westen Nordamerikas. Sie sind sehr gesellige Tiere und bilden stellenweise riesige Kolonien. Wenn Gefahr droht, warnen sie sich gegenseitig. Flink verschwinden alle in ihrem Bau. Einige Zeit später erscheinen die Tiere wieder eines nach dem anderen an der Erdoberfläche. Und bald geht das Leben in der Kolonie wieder seinen gewohnten Gang.

Bison

Bisons sind wuchtige Tiere mit massigen Köpfen. Mit diesen Tieren war das Leben der Prärie-Indianer eng verbunden. Wenn es viele „Indianerbüffel" gab, hatten die Indianer genügend zu essen. Konnten die Indianer keine Bisons jagen, hungerten sie.

Nordamerikas Prärie

Klapperschlange

Klapperschlangen gibt es nur in Amerika, und alle sind giftig. Ihr bekanntestes Merkmal ist die Klapper am Schwanzende. Sie setzt sich aus einzelnen Ringen zusammen. Klappert die Schlange damit, heißt das: „Bleib mir vom Leib!" Reicht die Warnung nicht aus und fühlt sich die Schlange ernsthaft bedroht beißt sie zu.

Zusammengerollte Gehörnte Klapperschlange

Carolinataube

Die Tauben mit dem langen, spitzen Schwanz kommen in unterschiedlichen Lebensräumen vor. Sie leben auch in den Prärien und Wüsten. Dort bauen sie ihre Nester manchmal in Kakteen, wo sie vor Feinden gut geschützt sind. Ihre Nahrung suchen die Vögel am Boden. Vor allem fressen sie Samen.

Kojote

Kojote

Der Kojote ist das bekannteste Raubtier Amerikas. Wegen seines Lebensraumes wird er auch Präriewolf genannt. Ein weiterer Name ist Heulwolf. Kojoten jagen vor allem kleine Nagetiere und Kaninchen. Gelegentlich greifen sie aber auch Haustiere an. Deshalb stellen ihnen die Farmer bis heute unerbittlich nach.

Trockengebiete in Australien

Kakadu

Kakadus gehören zu den Papageien. Alle haben eine Federhaube auf dem Kopf. Neben dem weißen Gelbhauben-Kakadu gibt es auch rosa und grau gefärbte Kakadus und ganz schwarze. Die Vögel brüten in Baumhöhlen. Ihr Name leitet sich von dem asiatischen Wort „kakatua" ab. Es bedeutet so viel wie „Kneifzange". Damit ist der kräftige Schnabel der Vögel gemeint.

Miteinander schnäbelnde Gelbhauben-Kakadus

Emu

Der flugunfähige Emu ist der größte Vogel Australiens. Er frisst Insekten, aber auch Teile verschiedener Pflanzen. Sein Nest steht am Boden. Das Weibchen legt nur die Eier ab. Das Brüten und die Aufzucht der Jungen übernimmt dagegen das Männchen.

Dingo

Der Dingo hat sich aus verwilderten Haushunden entwickelt. Auf die Jagd gehen die Tiere überwiegend in der Dämmerung und nachts. Sie jagen kleine Kängurus und andere Beuteltiere, verwilderte Schweine und Kaninchen. Sie fressen aber auch Kriechtiere und Insekten.

Trockengebiete in Australien

Bartagame

In den heißen und trockenen Gebieten im Inneren Australiens leben viele Kriechtiere. Recht häufig sind die Agamen. Diese Tiere sind mit unseren Eidechsen verwandt. Bartagamen blasen sich bei Gefahr auf und öffnen den Mund. Das sieht furchterregend aus, und mancher Feind wird abgeschreckt. Seine Eier legt das Weibchen im Boden ab.

Känguru

Kängurus hüpfen auf ihren langen Hinterbeinen durch die Gegend. Im Sitzen stützen sie sich mit dem kräftigen Schwanz ab. Die Tiere fressen vor allem Gräser und Kräuter. Meist bekommen sie nur ein Junges. Es kriecht nach der Geburt in den Beutel am Bauch der Mutter. Später folgt es der Mutter zu Fuß, kehrt aber bei Gefahr in den Beutel zurück.

Weibchen des Roten Riesenkängurus mit seinem Jungen

Tiere

in den Polargebieten

Im hohen Norden wird der Wald allmählich immer lichter. Schließlich erreicht man die Waldgrenze – und damit die Arktis. Um den Nordpol herum liegt ein von Eis bedecktes Meer. Der Südpol dagegen befindet sich auf einem eisbedeckten Kontinent, der Antarktis. In den Polargebieten ist es kalt, und es herrscht lange Zeit des Jahres Dunkelheit. Dennoch können dort Pflanzen und Tiere leben.

In der Tundra

Arktisches Erdhörnchen

Das Arktische Erdhörnchen lebt im hohen Norden Nordamerikas. Anders als Eichhörnchen halten sich Erdhörnchen vorwiegend am Boden auf. Dort suchen sie auch ihre Nahrung. Immer wieder sieht man die Tiere Männchen machen und nach Feinden Ausschau halten.

Rentier

Rentiere sind über den gesamten hohen Norden verbreitet. In Nordamerika nennt man sie allerdings Karibus. Sie bewohnen die nördlichen Waldgebiete und die Tundra. Rentiere fressen Flechten und Pilze, Gräser, Kräuter und Laub. Männliche und weibliche Tiere tragen ein Geweih. Im Lauf des Jahres unternehmen sie lange Wanderungen.

Info

Das Wort „Tundra“ leitet sich von dem finnischen Wort „tunturi“ ab. Es bedeutet so viel wie „unbewaldeter Hügel“. Tatsächlich wachsen in der Tundra keine Bäume mehr. Diesen Lebensraum finden wir im gesamten hohen Norden.

Flüchtende Karibus

In der Tundra

Eisfuchs

Der Eis- oder Polarfuchs ist ein Verwandter des Rotfuchses. Er ist aber kleiner und bekommt im Winter ein weißes Fell. So ist in der verschneiten Landschaft gut getarnt. Eisfüchse jagen kleine Nagetiere, Hasen und Vögel. Sie fressen aber auch Beeren, Aas und Abfälle.

Wolf

Der Wolf ist der wilde Vorfahre des Haushundes. Die meiste Zeit des Jahres leben Wölfe in Familiengruppen zusammen. Sie jagen dann Hasen, Nagetiere und Vögel. Im Winter jagen Wölfe dagegen in großen Rudeln und gemeinsam greifen sie auch große Tiere an: Hirsche, Elche, Rentiere und Moschusochsen. In freier Natur gehen Wölfe dem Menschen meist aus dem Weg.

Aufmerksam beobachtender Wolf

Vögel im Norden

Papageitaucher

Der Papageitaucher brütet an den Felsküsten im Norden. Er hat ein schwarz-weißes Gefieder, einen bunten Schnabel und knallrote Schwimmfüße. Der Vogel kann sehr gut tauchen. In seinem Schnabel kann er mehrere Fische sicher festhalten. Der Papageitaucher brütet mit Artgenossen zusammen. Er ist ein Höhlenbrüter.

Küstenseeschwalbe

Seeschwalben sind gewandte Flieger. Sie leben überwiegend am Meer und brüten in Kolonien. Die Küstenseeschwalbe ist ein Rekordhalter: Sie brütet im hohen Norden und zieht dann hinunter in den Süden bis in die Antarktis. Einen längeren Zugweg hat kein anderer Vogel.

Falkenraubmöwe auf einem Felsen

Falkenraubmöwe

Raubmöwen verfolgen andere Meeresvögel im Flug, um ihnen den Fang abzunehmen. Sie jagen aber auch selbst. Zu ihrer Beute zählen kleine Säugetiere und Vögel. Auf dem offenen Meer fressen sie Fische, Krebse und Tintenfische. Alle Raubmöwen brüten am Boden.

Vögel im Norden

Schneegans

Schneegänse haben ein weißes Gefieder mit schwarzen Flügelspitzen. Im hohen Norden ist der Sommer sehr kurz, und innerhalb von drei Monaten müssen die Gänse ihre Jungen aufziehen. Im September fliegen sie weit nach Süden, um zu überwintern.

Rufende Trottellumme am Brutplatz

Trottellumme

Lummen sind schwarz-weiße Meeresvögel, die nur zur Brutzeit an die Küsten kommen. In großen Kolonien legen sie in Felswänden ihre birnenförmigen Eier ab. Die Vögel gehen unter Wasser auf Nahrungssuche. Sie jagen Fische und können zwei Minuten unter Wasser bleiben und zwanzig Meter tief tauchen.

Säugetiere kalter Meere

Eisbär

Eisbären haben ein weißes oder gelbliches Fell. Sie leben vor allem im Packeis der Arktis. Dort stellen sie ihrer Hauptbeute nach, den Robben. Die meisten Eisbären sind das ganze Jahr über aktiv. Einzig die trächtigen Weibchen ziehen sich zum Winter hin in eine Schneehöhle zurück. Dort werden im Dezember oder Januar die Jungen geboren. Sie müssen noch einige Zeit wachsen, bevor sie im April die Höhle verlassen können.

Aufrecht sitzender Eisbär

Sattelrobbe

Sattelrobben leben im hohen Norden. Man kann sie im Meer und auf dem Packeis beobachten. An Land gehen die Tiere fast nie. Sie fressen Fische und Krebse. Ihre Jungen bekommen sie im ausgehenden Winter. Die jungen Sattelrobben haben ein weißes Fell und wachsen schnell heran.

Säugetiere kalter Meere

Walross

Walrosse können fast vier Meter lang werden. Sie haben lange Stoßzähne aus Elfenbein im Oberkiefer. Die Tiere leben im nordpolaren Packeis, aber auch an den Küsten. Ihre Nahrung suchen Walrosse am Meeresboden. Sie fressen vor allem Muscheln.

Info

Säugetiere, die in kaltem Wasser leben, müssen eine gute Wärmedämmung haben. Es muss verhindert werden, dass Körperwärme verloren geht. Einige dieser Tiere haben ein langhaariges Fell. Wichtiger ist aber eine Fettschicht unter der Haut. Sie kann mehrere Zentimeter dick sein.

Südlicher See-Elefant

See-Elefanten sind riesig. Ihr Name bezieht sich auf die Größe der Tiere und auf den aufblasbaren „Rüssel" der Bullen. Der Südliche See-Elefant lebt vor allem auf den Inseln um die Antarktis herum. Die Bullen werden über sechs Meter lang und fast vier Tonnen schwer. Die Tiere können über tausend Meter tief tauchen und über eine Stunde unter Wasser bleiben. Sie ernähren sich von Fischen und Tintenfischen.

Südlicher See-Elefant „winkt" mit erhobener Vorderflosse

Pinguine

Mit abgespreizten Flügeln laufender Eselspinguin

Felsenpinguin

Pinguine leben nur im tiefen Süden der Erde. Allerdings dringen nicht alle bis in die Antarktis vor. Der Felsenpinguin beispielsweise lebt auf Inseln weiter nördlich. Er brütet in großen Kolonien. Sie liegen meist an felsigen Küsten. Darauf bezieht sich auch der Name des Vogels

Eselspinguin

Pinguine sind sehr gut an das Leben im Meer angepasst. Sie haben kurze und breite Flügel, die sie wie Flossen einsetzen. Die Stimme dieses Pinguins hat ihm zu seinem Namen verholfen: er ruft ähnlich wie ein Esel. Die Vögel tragen kleine Steinchen zu einem Hügel zusammen, um darauf zu brüten. Sie legen zwei Eier.

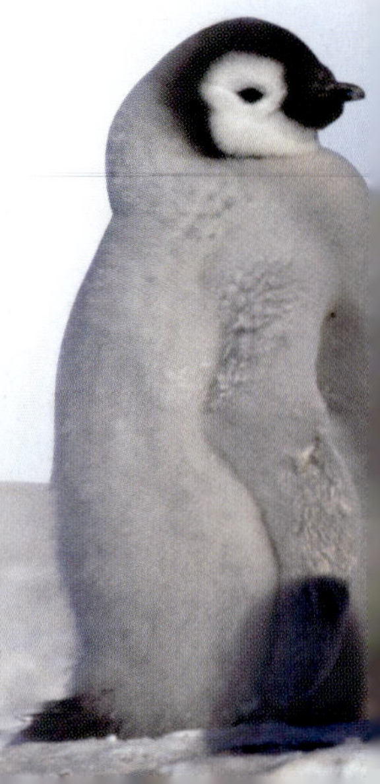

Kaiserpinguin mit „Kindergarten“

Pinguine

Adéliepinguin

Der Adéliepinguin hat ein schwarz-weißes Gefieder. Um die Augen herum befindet sich ein weißer Ring. Die Vögel fressen hauptsächlich Krill. Das sind kleine Krebse, die im Wasser schweben. Außerdem jagen sie Fische und Tintenfische. Der Adéliepinguin brütet rund um die Antarktis und auf einigen Inseln nördlich davon.

Kaiserpinguin

Der Kaiserpinguin lebt auf dem antarktischen Kontinent. Die Vögel jagen vor allem Tintenfische, fressen aber auch Fische und Krill. Sie brüten im antarktischen Winter. Kaiserpinguine werden über einen Meter groß und sind damit die größten Pinguine der Erde.

Königspinguin

Königspinguine sind die zweitgrößten Pinguine, die es gibt. Sie werden knapp einen Meter groß und brüten auf Inseln nördlich der Antarktis. Dort leben die Vögel in großen Kolonien zusammen. Die jungen „Könige" tragen ein braunes Daunenkleid.

Wo sind diese Tiere im Buch?

Seite 18

Seite 28

Seite 49

Seite 62

Seite 67

Seite 81

Seite 82

Seite 90

Seite 46

Seite 75

Seite 17

Seite 34

Register

Register

Bildquellennachweis

Friedrich-Wilhelm Busch, Bünde: Seite 40 o.l.

Manfred und Susanne Danegger, Billafingen: Seite 7, 9 o.l., 10 u., 11 u., 12 r., 13 o., 17 o.l., 17 u.r., 21, 22/23 u., 23 o.r., 24 u., 25 o., 27 u., 28 o., 29 o.l., 29 u., 42/43 M., 52 u.r.

Dieter Eichler, Jochberg: Seite 64 M.r., 64/65 u.

JUNIOR / Juniors Tierbildarchiv, Ruhpolding: Umschlagvorderseite (Füchse; Mädchen mit Katze; Affe), Seite 8 (M. Wegler), 10 M., 12 o.l., 16 M., 18 o.r., 25 u., 27 o.l., 36 o. (E. u. P. Bauer), 66 u., 68 u., 69 u.

Dietmar Nill/linnea images, Berlin: Umschlagvorderseite (Dachs; Marder), Umschlagrückseite (alle), 29 o.r.

Dr. Eckart Pott, Stuttgart: Umschlagvorderseite (Murmeltier), Seite 6, 9 o.r., 11 o., 13 u., 14, 15 M., 15 u., 16 u., 17 o.r., 18 o.l., 18 u., 19, 20, 22 o., 23 o.l., 26, 27 r., 30 o., 30 u.l., 30/31 u., 31 o., 31 M., 34 u.r., 35 u., 36 u.r., 37 o.l., 38, 39, 40 r., 41, 43 M.r., 43 u.r., 44 u., 44 u., 45o., 45 u., 46 u., 46/47 o., 47 M., 47 o.r., 47 u., 48 o.l., 48 u., 49 o.l., 49 M., 50, 51, 52 o.l., 52 o.r., 52 u.l., 53, 54 o., 54/55 u., 55 o.r., 55 M.l., 55 M.r., 56 l., 56 M., 56 u.r., 57 u., 58 M., 58 u., 60, 61, 62o., 62 u., 63 o.l., 63 o.r., 63 u., 64 o.l., 64 M.l., 65 o., 66 o., 67 r., 67 u., 68 o.l., 68 M.r., 69 o., 70, 71, 72 o., 72 l., 72/73 M., 73 o., 73 M.r., 74 o.l., 74 u., 75 o., 75 M., 76 o.r., 76 u., 77 l., 77 r., 78 l., 78 u., 79 o.l, 79 o.r., 79 u., 80 u.r., 81 l., 81 r., 82, 83, 84 o., 84 u., 85 o., 85 u., 86 o., 86 M., 86 u., 87 l., 87 r., 88 l., 88 r., 89 o., 89 u., 90 l., 90 o.r., 91 o.l., 91 M.r., 91 u.

Gertrud Schulte, Hagen: Seite 34 o.

Winfried Wisniewski, Waltrop: Seite 23 u.r., 48 M.

Konrad Wothe, Penzberg: Seite 9 u., 10 o., 15 o., 24 o., 24 M., 32 l., 32 u., 32/33 o., 33 u., 34 u.l., 35 o., 36 u.l., 37 r., 40 u., 42 l., 57 o.l., 59 o., 59 u., 76 M., 80 o.l., 80 o.r.

www.digitalstock.de: Seite 40 o., 92, 93 (Hintergrund Wasser)

Bibliografische Information der Deutschen Bibliothek

Die Deutsche Bibliothek verzeichnet diese Publikation in der Deutschen Nationalbibliografie; detaillierte bibliografische Angaben sind im Internet über **http://dnb.ddb.de** abrufbar.

4 3 2 1 10 09 08 07

Postfach 1860, D-88188 Ravensburg

Texte: Dr. Eckart Pott
Redaktion: Karin Baege
Layout: www.die-agentur-gmbh.de
Umschlagkonzeption: Dirk Lieb
Printed in Germany
ISBN: 978-3-473-55071-5

www.ravensburger.de